# BEI GRIN MACHT SICH IHR WISSEN BEZAHLT

- Wir veröffentlichen Ihre Hausarbeit, Bachelor- und Masterarbeit

- Ihr eigenes eBook und Buch - weltweit in allen wichtigen Shops

- Verdienen Sie an jedem Verkauf

Jetzt bei www.GRIN.com hochladen und kostenlos publizieren

**Bibliografische Information der Deutschen Nationalbibliothek:**

Die Deutsche Bibliothek verzeichnet diese Publikation in der Deutschen National-
bibliografie; detaillierte bibliografische Daten sind im Internet über http://dnb.d-
nb.de/ abrufbar.



**Impressum:**

Copyright © 2017 GRIN Verlag, Open Publishing GmbH
Druck und Bindung: Books on Demand GmbH, Norderstedt Germany
ISBN: 9783668595682

**Dieses Buch bei GRIN:**

https://www.grin.com/document/384555

Maria Terhorst

# Gletschervorkommen in den Alpen

## Typisierung, Abtragungs- und Aufschüttungsformen und der Wandel der alpinen Gletscher

GRIN Verlag

# Alpine Gletscher

Hauptseminar; WS 2017/18

Maria Terhorst

Abgabetermin: 30.10.2017

## Abstract

This paper deals with the glaciers in the Alps which appear in different types. Typical valley glaciers are found there on the one hand, on the other hand cirque glaciers and mountain glaciers among several other types can be spotted there too. Through pushing forward and melting, these different types of glaciers have left behind different forms through erosion and sedimentation. Typical glaziale erosion forms in the Alps are trough valleys, roche moutonnée, polished rocks and cirques in which the glaciers originate. Important depositional forms are Drumlins and moraines. A periglacial area can also be found in the Alps. Permafrost and block glaciers, which are not glaciers in the real sense, are typical for this area. Finally, the global glacial recession, which is also observable and quantifiable in the alpine glaciers, as well as the serious consequences for humans and the environment resulting from it, is discussed.

# Inhaltsverzeichnis

# Abbildungsverzeichnis

# 1 Globaler Einfluss von Gletschern

Gletscher spielen bei vielen globalen Prozessen eine tragende Rolle. Sie haben einen hohen Einfluss auf den Wasserhaushalt, sind sehr attraktiv für den Tourismus und spiegeln den Klimawandel durch ihren Schwund und den dadurch entstehenden Naturgefahren wider. Die Erdoberfläche ist zu ca. 10 % vergletschert. Mit 97 % machen das Antarktische und das Grönländische Eisschild den größten Anteil dieser Fläche aus. Der restliche Anteil teilt sich auf die Vergletscherungen in den Hochgebirgen und die Eiskappen auf. In diesem Zusammenhang ist allerdings zu beachten, dass die großflächigen arktischen Eiskappen hier dazu gerechnet sind (Winkler 2009:73f). Der Einfluss von Gletschern auf die Umwelt macht sich jedoch nicht nur global bemerkbar, sondern auch lokal in den Alpen. So haben alpine Gletscher durch ihre Schwankungen in den letzten Jahrtausenden und durch die Vergletscherung im Pleistozän das Relief und das Erscheinungsbild der Alpen und dessen Vorland in starkem Maße beeinflusst und geprägt. Auf welche Weise dies geschah, wo und welche Typen von Vergletscherung in den Alpen vorzufinden sind sowie die periglaziale Form der Blockgletscher sind Gegenstand dieser Arbeit.

Zunächst wird ein Überblick über die Vergletscherung in den Alpen gegeben und mit Beispielen genauer erläutert. Im Anschluss werden die verschiedenen Typen der alpinen Gletscher definiert. Zusätzlich werden typische Ablagerungs- und Erosionsformen anhand von naturräumlichen Beispielen genauer beschrieben.

Im zweiten Teil der Arbeit werden Blockgletscher als typisch periglaziale Form in den Alpen herausgearbeitet. Zuletzt wird ein Überblick über den Wandel der alpinen Gletscher gegeben. Begonnen wird hier im Pleistozän über die Kleine Eiszeit bis zum heutigen Stand der Gletscher. Darauf folgt ein kurzer Ausblick darüber, wie sich die Gletscher in den Alpen in Zukunft in Reaktion auf den anthropogen verstärkten Klimawandel verhalten werden und welche Folgen daraus auch schon heute für Umwelt und Mensch resultieren.

# 2 Einführende Begriffsdefinitionen

Zunächst sollen Begrifflichkeiten, deren Grundlage Verständnis dieser Arbeit sind, definiert werden.

Die Alpen sind ein „junges, tektonisch komplex gebautes Hochgebirge" (Baumhauer 2006:129). In der Struktur der Alpen sind „Prozesse der Beckengenese, der Bildung ozeanischer Kruste durch *sea floor spreading*, der Subduktion [...] sowie verschiedenste magmatische Prozesse widergespiegelt [...] Dabei verursachten die geologischen Strukturen und Prozesse [...] in Wechselwirkung mit den exogenen Prozessen ein kompliziertes Gefüge morphologischer Formen" (Zepp 2014:329). Die Alpen liegen zu Teilen in Deutschland, Österreich, der Schweiz, Frankreich, Italien, Slowenien und Lichtenstein (Veit 2002:14).

Ein weiterer Begriff, das Pleistozän, ist wichtig für diese Arbeit. In dieses erdgeschichtliche Eiszeitalter, das vor ca. 2,3 Mio. Jahren begann und vor ca. 10.000 Jahren durch das Holozän abgelöst wurde und somit das letzte dieser Art darstellt, werden die letzten Gletschervorstöße in den Alpen zurückdatiert. Auf der Nordhalbkugel gab es während des Pleistozäns ca. vier bis sechs Eiszeiten. Die letzte Eiszeit wird im Alpenraum als Würm-Eiszeit (vor 20 bis 25.000 Jahren) bezeichnet. Das Pleistozän und das Holozän schließen sich zum Quartär zusammen, in dem die Temperaturen stark sanken und sich mehrere Kalt- und Warmzeiten abwechselten (Böhm et al 2007:62; Leser 2003:277).

Als letzte Grundlage für diese Arbeit ist das Periglazial aufzuführen. Als periglazial werden sowohl Klimabedingungen als auch Landformen, die durch frostdynamische Prozesse gekennzeichnet sind, bezeichnet. Damit periglaziale Formen entstehen können, muss die Jahresmitteltemperatur unter 0°C liegen. Im Sommer kommt es jedoch zu einer weitreichenden Schneeschmelze durch die Sonneneinstrahlung, sodass nur ein kleiner Anteil des Schnees die warmen Monate überdauert. Die Entstehung von dauerhaften Schneedecken wie auch von Gletschern wird dadurch verhindert. Vorzufinden sind diese Gebiete nicht nur in Polar- und Subpolargebieten, sondern auch in der subnivalen bzw. periglazialen Höhenstufe der Hochgebirge, also auch in den Alpen. In den pleistozänen Kaltzeiten lagen in Deutschland periglaziale Gebiete zwischen alpiner und nordeuropäischer Vereisung (Baumhauer 2006:85). Typisch für periglaziale Gebiete ist der Permafrost (Winkler 2001[2]). Er dient als Archiv für Klimainformationen der letzten Jahrzehnte, ebenso beeinflusst er die Stabilität des Unterbodens und ist mit vielen Problemen, beispielsweise im Bau im Hochgebirge, verbunden. Permafrost ist im Untergrund, unter einer bis zu mehreren Metern dicken Auftauschicht mit jahreszeitlich wechselnden Temperaturen, vorzufinden und wie die periglazialen Gebiete durch die Bodentemperatur definiert. Die Dicke des Permafrosts variiert zwischen einigen zehn Metern unter Schutthalden bis zu mehreren 100 Metern unter hohen Gipfeln. In der Schweiz ist auf ca. 5% der Landesoberfläche Permafrost vorzufinden. Diese Fläche entspricht der doppelten Fläche der Vergletscherung. Als typisch alpine, periglaziale Form und auch als Indikator für Permafrost gilt der aktive Blockgletscher (Baumhauer 2006:91; Nötzli, Gruber 2005:111f). Diese Form wird im Laufe der vorliegenden Arbeit genauer betrachtet.

# 3 Gletscher in den Alpen

Die Alpen sind mit einer Fläche von 3.060 km² (2008) vergletschert und verzeichneten zu diesem Zeitpunkt 5426 Gletscher (Winkler 2009:74). Das gesamte Volumen der Alpengletscher beträgt rund 100 km³ (Veit 2002:99). Die mittlere Größe eines Gletschers betrug somit ca. 0,5 km². Die Gletscher mit einer Fläche von unter 1 km² haben einen Anteil von 31% an der Gesamtvergletscherung der Alpen. Dabei sind die Westalpen stärker vergletschert als die Ostalpen (Veit 2002:99).

Als Gletscher werden Eismassen, die aus festem Niederschlag entstanden sind, bezeichnet (Zepp 2014:188). Teilweise befinden sich, beispielsweise in den Porenräumen, auch Luft, Schmelzwasser und Gesteinsteile. Eine Eismasse kann nur als Gletscher bezeichnet werden, wenn sie sich aktiv bewegt (Baumhauer 2006:73).

Voraussetzung für die Bildung eines Gletschers ist es, dass sich über einen langen Zeitraum mehr fester Niederschlag ablagert, als abschmelzen kann (Zepp 2014:188). Auch das zugrundeliegende Relief übt großen Einfluss auf die Gletscherbildung. Dazu müssen im Hochgebirge geeignete Hohlräume und Mulden vorhanden sein, die eine Ansammlung von Schnee überhaupt möglich machen. Eine weitere Voraussetzung für die Gletscherentstehung ist, dass der abgelagerte Schnee nicht durch äolische Prozesse wegtransportiert wird (Winkler 2009:9).

Gletscher haben ein Nähr- und ein Zehrgebiet, welche auch Akkumulations- und Ablationsgebiet, genannt werden. In erst genanntem sammelt sich der Schnee und wird dann durch Verdichtung in Firn umgewandelt. Aus mehreren Schichten von Firn entsteht Gletschereis. Dieses fließt durch die Schwerkraft bedingt hangabwärts in tiefere Regionen, in das sogenannte Ablationsgebiet. Hier überwiegt das Schmelzen (Ablation) (Alean 2010: 35ff; Haeberli, Maisch 2007:101).

## 3.1 Gletschervorkommen in den Alpen

Die alpinen Gletscher sind durch die Teilung der Alpen in Quer- und Längstäler und durch die unterschiedlichen Höhen der einzelnen Gebirge stark gegliedert. Im Folgenden soll ein Überblick über die Verteilung der alpinen Vergletscherung entlang des Bogens der Alpen von Südwesten nach Nordosten gegeben werden.

Der südlichste und gleichzeitig auch sehr kleine Gletscher der Alpen, Ghiacciaio del Clapier, liegt in Italien ganz in der Nähe des Mittelmeers. Von dort aus entlang der Alpen Richtung Osten liegen die ersten größeren Gletscher zunächst in den nordwestlichen französischen Alpes du Dauphiné, beispielsweise der sieben Kilometer lange Glacier Blanc. Wie der Name bereits vermuten lässt ein sogenannter weißer Gletscher, da er kaum Moränenmaterial mit sich führt und dadurch komplett weiß erscheint (vgl. Abbildung 1) (Alean 2010:21f).

**Abbildung 1: Glacier Blanc mit sehr gut erkennbarer Karmulde (2009)**
Quelle: Alean 2010:34.

Der längste und auch flächengrößte Gletscher in den französischen Alpen ist der Mer de Glace. Er liegt zentral im Mont-Blanc-Massiv. In Abbildung 2 fließt er von links nach rechts. Dies ist erkennbar durch die Ogiven, die sich als Bänder aus hellem und dunklerem Eis auf dem Gletschereis auszeichnen und im jährlichen Rhythmus entstanden sind. In diesem Gebiet sind noch einige andere Gletscher zu finden (Alean 2010:21f).

**Abbildung 2: Gletscherzunge des Mer de Glace (August 2004)**
Quelle: Alean J., Hambrey M. 2017[1]

Weiter östlich liegen die Walliser Alpen. Dort findet sich die zweitgrößte Gruppierung von Gletschern in den Alpen. Der bedeutendste dieser Gletscher ist der Gornergletscher bei Zermatt. Er weist eine Besonderheit auf. Sein Eis hat trotz der Temperaturerhöhungen immer noch nicht die Schmelztemperatur erreicht, weshalb er als ‚kalter' Gletscher bezeichnet wird. Dies hat zur Folge, dass er einerseits im mittleren Teil außerordentlich

**Abbildung 3: Schmelzwassersee und auffällig weißes Eis am Gornergletscher**

Quelle: Alean J., Hambrey M. 2017[2]

helles und weißes Eis aufweist und andererseits auf der Gletscherzunge Schmelzwassertümpel entstehen (vgl. Abbildung 3). Das Eis erscheint weiß, da das Schmelzwasser durch das festgefrorene Eis im Ablationsgebiet nicht richtig abfließen kann und sich so beim Gefrieren des Wassers kleine Luftbläschen im Firn bilden. Die Schmelzwasserseen auf dem Gletscher entstehen aus demselben Grund. Das Schmelzwasser kann wegen der tiefen Eistemperaturen nicht abfließen, da es in kleinen Spalten sofort wieder gefriert. Somit sammelt es sich jahrzehntelang auf dem Gletscher in Mulden (Alean 2010:195).

Am stärksten vergletschert sind die Berner Alpen, im Südosten der Walliser Alpen. Hier ist auch der größte Gletscher der Alpen ist der Aletschgletscher (vgl. Abbildung 18) vorzufinden. Er umfasst eine Fläche von 90 km (1999) und erstreckt sich über eine Länge von 23 Kilometern (2008). Seit 2001 gehört er zum „UNESCO-Welterbe Schweizer Alpen Jungfau-Aletsch" (Alean 2010:22).

Ebenso in den Berner Alpen vorzufinden ist der mit dem Mer de Glace zusammen drittgrößte alpine Gletscher, der Fieschergletscher. In Abbildung 4 ist oben links die temporäre Schneegrenze sehr gut zu erkennen (Alean 2010:22).

**Abbildung 4: Fieschergletscher mit temporärer Schneegrenze**

Quelle: Alean J., Hambrey M. 2017[3]

In den Ostalpen ist eine Vergletscherung in der Bernina-Gruppe zu finden. Noch weiter östlich sind ebenfalls Gletschergebiete in Südtirol vorzufinden. Ein Gletscher hier ist der Ghiacciaio dei Forni, der mit seinen 13 km² der flächengrößte Gletscher Italiens ist. In Österreich selbst liegen die meisten Gletscher in den Zillertaler, Ötztaler und Stubaier Alpen und in den Hohen Tauern, wie beispielsweise der größte Gletscher Österreichs, der sogenannte Pasterzen Kees (vgl. Abbildung 5). In dieser Abbildung sind ebenso sehr gut Gletscherspalten zu erkennen, die dadurch entstanden sind, dass der Gletscher über eine sehr steile Kante geflossen ist (Alean 2010:22).

**Abbildung 5: Pasterzen Kees mit Gletscherspalten (August 2008)**
Quelle: Alean J., Hambrey M. 2017[4]

Die östlichste alpine Vergletscherung, beispielweise der Hallstätter und der Schladminger Gletscher, ist im Dachsteingebirge vorzufinden (Alean 2010:22).

Der komplette deutsche Anteil der Alpen liegt unterhalb der derzeitigen klimatischen Schneegrenze und teilweise unterhalb der mittleren Schneegrenze seit der letzten Eiszeit. Grundsätzlich wäre davon auszugehen, dass es in diesem Teil der Alpen keine Gletscher gibt, da die Bedingungen zur Gletscherbildung nur oberhalb der klimatischen Schneegrenze gegeben sind. Dennoch sind auf Grund von Gunststandorten auch in diesem Teil noch fünf Gletscherreste vorzufinden. Sie liegen in nordexponierten, schattigen Karen bzw. Firnmulden im Wettersteingebirge (mit dem höchsten Berg Deutschlands, der Zugspitze) und in den Berchtesgadener Alpen (mit dem Watzmann). Auf der Zugspitze sind der nördliche und südliche Schneeferner und der Höllentalferner zu finden. Im Berchtesgadenerland liegen der Watzmanngletscher und das Blaueis am Hochkalter (Alean 2010:43, Hagg 2008:23).

Die meisten alpinen Gletscher sind in den höheren Höhenstufen vorzufinden. Große Talgletscher, wie beispielsweise die Pasterze, der Aletschgletscher oder Glacier Blanc, sind jedoch auch in der periglazialen Schicht vorzufinden und reichen teilweise bis unter die Baumgrenze (Veit 2002:99).

Dabei hat ein Großteil der alpinen Gletscher höhere Eistemperaturen. Im Gegensatz zum Gornergletscher (s.o.) werden sie deshalb ‚warme' Gletscher genannt (Veit 2002:101). Im Ablationsgebiet liegt die Temperatur der temperierten Gletscher in der Nähe des Druckschmelzpunkts. Als Folge bildet sich an der Basis des Gletschers ein Schmelzwasserfilm, wodurch auch das Fließen des Gletschers ermöglicht wird (Veit 2002:101).

Abgesehen von Schmelzwasserseen gibt es noch weitere Erscheinungen auf bzw. in Gletschern, wie beispielsweise die Gletscherspalten, die auch an Gletscher in den Alpen zu sehen sind (vgl. Abbildung 5). Die oberste Spalte an einem Gletscher, die zwischen dem an meist steilen Felswänden festgefrorenem Eis und dem fließenden Eis entsteht, wird als Bergschrund (vgl. Abbildung 6) bezeichnet. Wenn im weiteren Verlauf des Gletschers die Fließgeschwindigkeit, beispielsweise durch steiler werdendes Gelände, höher wird, entstehen längs zur Fließrichtung Querspalten im Eis. Längsspalten entstehen nur dort, wo sich die Gletscherzunge verbreitern kann. Wenn Quer- und Längsspalten zusammenkommen entstehen sogenannte Séracs (vgl. Abbildung 6 ) (Alean 2010:102; Ribau 2008:87).

**Abbildung 6: Bergschrund (links) und Séracs (rechts) am Oberen Grindelwald-gletscher in den Berner Alpen (2005)**
Quelle: Alean J., Hambrey M. 2017[5] und Alean J., Hambrey M. 2017[6]

Ein weiteres Phänomen, das durch Gletscher entsteht, sind Gletscherseen. Sie können am Rand, vor dem Gletscher oder zwischen zwei zusammenströmenden Eisflüssen entstehen. Der längste im letzten Jahrhundert durch Moränen aufgestaute alpine Gletschersee ist der Lej da Vadret (vgl. Abbildung 7) im Engadin. Durch Eisbrüche von der Front des Gletschers bildeten sich Eisberge, die Jahrzehnte lang auf dem See getrieben sind. Dies nimmt mit der Zeit ab, da der Gletscher keinen direkten Kontakt mehr mit dem Gletschersee aufweist (Alean 2010:181ff).

**Abbildung 7: Lej da Vadret, längster Gletschersee in den Alpen, rechts im Hintergrund Vadret da Roseg (Gletscher) (2004)**

Quelle: Alean 2010:181.

## 3.2 Gletscherarten/Typisierung der alpinen Gletscher

Nach der Betrachtung der Lage und Größe der alpinen Gletscher, sollen diese jetzt typisiert werden.

**Abbildung 8: Kleiner ‚sterbender' Kargletscher im Berninagebiet**

Quelle: Alean 2010:248.

Der gängigste Typ in Hochgebirgen ist der Kargletscher. Sein Akkumulationsgebiet liegt vollständig in einem Kar, das Ablationsgebiet reicht häufig kaum über diese Mulde hinaus (Embleton-Hamann 2007:70). Ein typischer Berg in den Alpen, der für seine Kare bekannt ist, ist das Matterhorn. Ebenso ist in Abbildung 1 die Karmulde des Glacier Blanc gut zu erkennen (Alean 2010:145). Ein weiterer, sehr kleiner Kargletscher ist im Berninagebiet zu finden (vgl. Abbildung 8). Dieser Gletscher wird auch als sterbender Gletscher bezeichnet, da er 2006 schon keinerlei Akkumulation von Schnee verzeichnen konnte und voraussichtlich bald ganz abschmelzen wird (Alean 2010:248; Ribau 2008:86.93).

Eine weitere Kategorie von Gletschern sind die Gebirgsgletscher. Vor zwei Jahrhunderten verfügten diese Gletscher meist noch über eine ausgeprägte Gletscherzunge. Heute haben sie eine weitaus geringere Höhenausstreckung, an der aber meist immer noch sehr gut das Nähr- und Zehrgebiet abzulesen ist. Sie machen in den Alpen ungefähr die Hälfte der Fläche von Gletschern aus und sind von der Anzahl her die größte Gruppe an Gletschern. Ein typisches Beispiel hierfür ist der Glacier du Milieu im Mont-Blanc-Gebiet (vgl.

**Abbildung 9: Glacier du Milieu als ein typischer Gebirgsgletscher**

Quelle: Alean J., Hambrey M. 2017[7]

Abbildung 9). In dieser Abbildung sind ebenso gut das Akkumulations- und Ablationsgebiet des Gletschers zu erkennen (Alean 2010:44).

Im Gegensatz zum Kar- und Gebirgsgletscher verfügen Talgletscher über eine sehr lange Gletscherzunge (Embleton-Hamann 2007:70). Oft haben diese Gletscher mehrere Firngebiete und fließen dann zusammen in einer großen Gletscherzunge talwärts (Alean 2010:44). Der größte Talgletscher in den Alpen ist der Große Aletschgletscher (vgl. Abbildung 18) (Zepp 2014:189). Wenn die Eismasse eines Talgletschers so groß wird, dass sie über einen Pass in ein benachbartes Tal fließen kann, entsteht ein Eisstromnetz (Zepp 2014:189f). Diese gab es in den Alpen lediglich während des Eiszeitalters (Krainer 2010:40). Heutzutage sind solche Eisstromnetze nur noch in Gebieten mit maritimen Klima vorzufinden, beispielsweise in den Küstengebieten Alaskas (Embleton-Hamann 2007:70).

Firn- und Gletscherflecken sind die kleinsten Gletscher. Sie werden durch Lawinenschnee ernährt und haben eine beliebige Form, allerdings ohne Gletscherzunge. Sie überdauern oft nur durch ihre Gunststandorte den Sommer. Sie stellen nur ein knappes Zehntel der Alpenvergletscherung dar. Ein Beispiel ist in Abbildung 10 erkennbar (Alean 2010:44).

**Abbildung 10: Kleiner Gletscherfleck im Mont-Blanc-Massiv**

Quelle: Alean 2010:43.

Ein weiterer Typ sind die Hängegletscher, wie beispielsweise im Mont-Blanc-Massiv (vgl. Abbildung 11). An ihnen findet man keine typischen Nähr- und Zehrgebiete, da sie teilweise nur in großen Höhen vorzufinden sind und dort somit kaum Schmelze auftritt. Sie finden sich an ungeschützten Hanglagen als balkonartige Eisgebilde, an deren Unterseite sie mit senkrechten bis zu überhängenden Eiswänden begrenzt sind. Dort brechen scheibenförmige Eislamellen ab und gehen als Eislawinen nieder. Oft ist dies die einzige Ablation dieser Gletscher (Alean 2010:46f).

**Abbildung 11: Hängegletscher im Mont-Blanc-Massiv (2008)**
Quelle: Alean 2010:46.

**Abbildung 12: Regenerierter Lawinengletscher an der Zunge des Glacier d'Argentière im Mont-Blanc-Massiv**

Quelle: Alean J., Hambrey M. 2017[8]

Durch Eislawinen, die von höheren Gletschern, beispielsweise von Hängegletschern, abbrechen, können sogenannte regenerierte Lawinengletscher oder Lawinenkessel-Gletscher entstehen. Diese regenerieren sich am Fuße von Abbrüchen und sind teilweise unter der Schneegrenze vorzufinden (Ribau 2008:85; Embleton-Hamann 2007:70f). Ein Beispiel für diesen Typ ist der Höllentalferner unterhalb der Zugspitze (Hagg 2008:23). An der Zunge des Glacier d'Argentière im Mont-Blanc-Gebiet befindet sich ebenfalls ein besonders großer regenerierter Gletscher (vgl. Abbildung 12) (Alean 2010:47).

Diese sieben zuletzt genannten Gletschertypen werden zu den ‚dem Relief untergeordneten Vergletscherung' gezählt. Bei den dem Relief untergeordneten Vergletscherungen bestimmt das Relief die Fließrichtung und die Form der Eismasse. Die sogenannte Vorlandvergletscherung zählt zu der ‚dem Relief übergeordneten Vergletscherung' und kam im nördlichen und südlichen Alpenvorland nur während des

Pleistozäns vor. Diese Vergletscherung wird mit den Gletschern aus den Gebirgen gespeist und ihr Nährgebiet ist oft ein Eisstromnetz. Hierbei wird das Relief komplett von der Eismasse bedeckt (Embleton-Hamann 2007:70).

# 4 Alpine glaziale Abtragungs- und Aufschüttungsformen

Durch die Bewegung der Gletscher, die durch die Ablation des Eises und das Vergrößern durch Akkumulation von Schnee und Eis entsteht, wird die Landschaft unterhalb und um den Gletscher herum geformt. Dies geschieht durch die mitgetragenen, unterschiedlich großen Gesteinsbrocken, die den Boden schürfen, kratzen, scheuern und schleifen. Sie besitzen im Vergleich zum Eis die höhere Erosionskraft. Diese Abtragungsformen werden in diesem Kapitel näher betrachtet. Außerdem werden die mitgetragenen Gesteinsbrocken an verschiedenen Stellen abgelagert, woraus typische Aufschüttungsformen entstehen, die ebenfalls thematisiert werden (Krainer 2010:40f).

Das Idealbild der Glazialen Serie, welches in Lehrbüchern vermittelt wird, stellt in keiner Weise die Vielfalt der glazial entstandenen Geländeformen dar (Darga 2009:11). Im Folgenden werden nur ein paar wichtige Formen aus dem sehr großen glazial geprägten alpinen Formenschatzes genannt, definiert und anhand von Bildern illustriert.

## 4.1 Alpine Abtragungsformen

In den Alpen zählen „zu den typischen Erosionsformen […] die Kare, die Trogtäler, die geschliffenen Felswände, Rundhöcker, (und) Hängetäler" (Veit 2002:100f).

Kare waren ursprünglich Mulden, die durch das Eis vertieft und vergrößert wurden. Sie sind oder waren also der Ursprungsort eines Gletschers. Nur die weitere Entwicklung eines Gletschers bewirkt, dass aus der einstigen Mulde ein großes Kar mit steilen Wänden und einem flachen Boden, wie beim Glacier Blanc (vgl. Abbildung 1), entsteht. Dies geschieht durch Schmelzwassererosion, Detersion und Detraktion. Ebenso werden die Hänge um das Kar herum zurückverlagert. Dies geschieht durch Frostverwitterung und durch den Transport des Gletschereises. Viele Kare werden durch eine Karschwelle, teilweise auch durch einen Moränenwall, auf der Talseite begrenzt. Nachdem sich das Eis zurückgezogen hat, bildeten sich in diesen Mulden teilweise Karseen (Embleton-Hamann 2007:76; Krainer 2010:41).

Wenn sich an mehreren Seiten eines Berggipfels Kare gebildet haben und weiterentwickeln, entstehen sogenannte Karlinge, wie in den Ötztaler Alpen gut erkennbar in Abbildung 13. Je weiter die Erosion fortschreitet, desto mehr ähneln die Spitzen einer Pyramide (Winkler 2009:119).

**Abbildung 13: Kare, Karlinge und Kargletscher in den Ötztaler Alpen (Juli 1992)**
Quelle: Winkler 2009:118.

Eine weitere typische glaziale Erosionsform, die auch in den Alpen vorzufinden ist, sind die Trogtäler. Gemeinhin wird angenommen, dass Trogtäler durch Gletscher geprägt wurden, welche fluvial vorgeformte Kerbtäler benutzt haben, um sich auszuweiten. Die Gletscher schliffen die Kerbtäler an ihrem Grund und an den Seiten breiter und steiler (Ahnert 2009:310f; Embleton-Hamann 2007:77, Zepp 2014:195f).

Winkler (2009:124f) und Baumhauer (2006:79f) führen dagegen an, dass aus einem Kerbtal nicht direkt ein Trogtal entstehen könne, da ehemalige Kerbtäler zu den heute sehr häufig vorkommenden Tälern mit einem parabelförmigen Talquerschnitt überformt wurden. Die Ursache für die Entstehung derselben liegt im Zusammenhang zwischen Erosionskraft und Eisdicke der Gletscher begründet: Je dicker das Eis ist, desto höher ist auch die Erosionskraft des Gletschers. Dadurch wird der Talboden stärker erodiert als die Talhänge und der Talquerschnitt nähert sich immer mehr einer Parabelform an (Baumhauer 2006:79f; Winkler 2009:124f).

Die heutigen Trogtäler sind ihrer Erklärung zufolge daraus entstanden, dass die parabelförmigen Täler durch starke nachträgliche periglaziale Sedimentation oder durch Schwemm- und Hangschuttkegel verschleiert wurden, so dass diese heute wie Trogtäler wirken. Eine weitere Erklärung für die Entstehung von heutigen Trogtäler ist, dass diese auch früher schon Muldentäler waren, welche durch die Gletscher nur noch vertieft und verbreitert wurden (Baumhauer 2006:79; Winkler 2009:124f).

Ebenso wurde das Längsprofil der ehemaligen Kerbtäler von den Gletschern überprägt. Ehemals gleichmäßiges Gefälle wurde durch rückläufige Erosion an Wannen oder an Gefällestufen durch den Gletscher steiler. So entstanden auch aus ehemaligen Nebentälern, in denen kleine, weniger erosionsstarke Gletscher durch eine Stufe vom Hauptgletscher abgetrennt waren, die heutigen Hängetäler (Embleton-Hamann 2007:77,

Winkler 2009:126). Diese Stufen wurden verstärkt, indem sich die Hauptgletscher im Verhältnis zu den Nebengletschern durch ihre intensivere Erosion weiter vertieft haben (Krainer 2010:42).

**Abbildung 14: Gletscherschrammen am Vernagtferner (2006)**
Quelle: Winkler 2009:113.

Die bekannteste der kleinsten Erosionsformen von Gletschern sind Gletscherschrammen, die parallel zur Eisbewegung ausgeprägt sind. Sie entstehen durch mitgetragene, festgefrorene Gesteinstrümmer, die Felsen aufschrammen. Diese Schrammen sind als Furchen oder Rillen zu beschreiben und meist nur wenige Millimeter tief, allerdings können sie bis zu mehrere Meter lang werden. Als Gletscherschrammen werden sie nur bezeichnet, wenn sie in einem Gletscherbett mit anstehendem Festgestein vorkommen, wie beispielhaft am Vernagtferner in Abbildung 14 zu sehen. Sobald dergleichen in Blöcken von Lockermaterial vorzufinden ist, spricht man von Kritzungen, da die Schrammen nicht unbedingt durch die Bewegung des Gletschers, sondern auch nachträglich noch entstanden sein können (Winkler 2009:113).

Eine weitere Mikroerosionsform ist der Gletscherschliff (vgl. Abbildung 15), dessen Bedeutung die der Gletscherschrammen weit übertrifft, da er viel großflächiger vorzufinden ist. Er wird aber nur sehr selten wahrgenommen. Gletscherschliff entsteht durch das sogenannte ‚polshing‘, wobei Sandkörner die Gesteinsoberfläche ‚polieren‘ und dadurch sehr große polierte Oberflächen entstehen. Dadurch gilt diese Mikroerosionsform fast schon als „das Kennzeichen eines durch glaziale Erosion gestalteten Reliefs" (Winkler 2009:113) dar (Ribau 2008:86; Winkler 2009:113)

**Abbildung 15: Gletscherschliff durch den Rhonegletscher entstanden**
Quelle: Alean J., Hambrey M. 2017[9].

Auch an Felswänden ist der Gletscherschliff sehr gut sichtbar. In Abbildung 16 ist dies durch die Schliffgrenze in der oberen Bildhälfte deutlich zu erkennen.

**Abbildung 16: Schliffgrenze im Rotental (2003)**
Quelle: Winkler 2009:125.

Eine weitere Form, die durch Abtragung entsteht, sind Rundhöcker. Wenn Gletscher über sehr kantige Felspartien fließen, entwickeln sie enorme Abtragungswirkungen und belasten die Fläche des Hindernisses, die gegen die Fließrichtung des Gletschers gerichtet ist, also die Luvseite, sehr stark. Auf der Leeseite wiederum sind viele der Rundhöcker kantig und sehr steil. Dies ist dadurch entstanden, dass das Eis dort an das Gestein anfrieren konnte und dann mit der Zeit Gesteinsfragmente losgerissen hat. Ein Beispiel für Rundhöcker ist im Kaunertal in Abbildung 17 zu erkennen (Alean 2010:137f).

**Abbildung 17: Rundhöcker im Kaunertal mit Fließrichtung von links nach rechts (2009)**

Quelle: Alean 2010:138.

## 4.2 Alpine Aufschüttungsformen

Eine der bekanntesten Aufschüttungsformen von Gletschern sind Moränen. Sie bestehen aus unsortiertem Lockergestein, das meistens in Folge von Felsstürzen auf das Eis gefallen ist. Im Nährgebiet verschwindet es im Eis, im Zehrgebiet hingegen bildet es eine Auflage auf dem Eis. Seitenmoränen entstehen deshalb nur im Zehrgebiet. In beiden Gebieten wird es vom Gletscher teilweise transportiert (Innen, Seiten-, Unter- und Oberflächenmoränen) und dann abgelagert (Seiten-, Grund-, Mittel- und Endmoränen). Wenn mehrere Gletscher aus verschiedenen Nährgebieten zusammenfließen, schließen sich die jeweiligen Seitenmoränen zu Mittelmoränen zusammen. Besonders gut ist das am Großen Aletschgletscher zu erkennen. Dort fließen am sogenannten Konkordiaplatz Aletschfirn, Jungfraufirn und Ewigschneefäld zusammen. Dies ist in Abbildung 18 sehr gut zu erkennen (Alean 2010:119; Zepp 2014:198ff).

**Abbildung 18: Großer Aletschgletscher mit Mittelmoränen (August 2004)**

Quelle: Alean J., Hambrey M. 2017[10].

Im Inn-Chiemsee-Gletscher-Gebiet bilden Wallmoränen das Gerüst der Landschaftsformen. Diese entstehen, wenn Gletscherränder über längere Zeiträume an einem Ort verweilen. Derweil transportierte der Gletscher allerdings trotzdem weiter Material mit dem Gletschereis mit, da der Gletscher an den Rändern abgeschmolzen ist. Dieses Material wird abgelagert, bei einem erneuten Vorstoß des Gletschers „überrollt" und dabei durch Druck und Bewegung verschliffen (Darga 2009:45).

Wie oben schon erwähnt, weisen Gletscher eine Grundmoräne auf. Dort entstehen sich die sogenannten Drumlins, die wie Walfrischrücken die Landschaft zieren. Dies sind längliche Hügel, mit der Längsachse in Richtung der Eisbewegung. Sie kommen oft gesammelt an einem Ort vor (vgl. Abbildung 19) und können einige Meter bis zu drei Kilometer lang, einige zehn Meter breit und bis zu 50 Meter hoch sein. Ihre Leeseite ist flach und ihre Luvseite steil. Dabei bestehen sie normalerweise aus subglazialem Moränenmaterial. Drumlins sind kaum im Hochgebirge selber vorzufinden, sondern eher im Alpenvorland. Die Entstehung von Drumlins ist jedoch sehr umstritten. Alle Theorien nennen als Hauptfaktoren glaziale Akkumulation, Deformationsprozesse und teils auch glaziale Erosion. (Alean 2010: 166ff; Darga 2009:45, Winkler 2009:145).

**Abbildung 19: Drumlins im Kanton Zug in der Schweiz**
Quelle: Alean J., Hambrey M. 2017[11].

# 5 Blockgletscher als typische periglaziale Form

Wie der Name bereits vermuten lässt, handelt es sich bei Blockgletschern um gletscherartige Körper. Sie sind in den heutigen alpinen periglazialen Höhenstufen zu finden. Dabei sind sie die auffälligste Form in Permafrostgebieten und auch gleichzeitig Indikatoren für das selbige. (Baumhauer 2006:91; Leser 2003:230; Nötzli, Gruber 2005:114ff). In den Alpen sind sie sehr verbreitet, wobei sie aber eher in inneralpinen Gebieten als am Alpenrand zu finden sind. Dort sind die Niederschlagsmengen geringer und begünstigen somit die Blockgletscherbildung. Darüber hinaus muss es über mehrere tausend Jahre hinweg so trocken sein, dass eine Gletscherbildung nicht möglich ist und gleichzeitig so kalt, dass das Eis im Blockgletscher nicht schmilzt. In der Schweiz sind sie vor allem in Tälern Graubündens und des Wallis zu finden (Alean 2010:128; Frauenfelder, Roer 2007:34f). Sie sind „Hang-, Frost- und/oder Bergsturzschuttkörper, in denen sich Eis aus terrestrischem Zuschuß- [sic!] und aus Niederschlagswasser gebildet hat, das den Schutt verkittet und zugleich jahreszeitlich beweglich hält" (Leser 2003:230). Wenn das Eisvolumen die Poren komplett ausfüllt und dennoch weiterwächst, entsteht eine Eisübersättigung. Ab diesem Zeitpunkt ändert sich die geotechnischen Eigenschaften des Bodens und die Schutthalden verformen sich durch die Schwerkraft und beginnen langsam hangabwärts zu kriechen, wobei die Geschwindigkeit zum Rand hin abnimmt. Daraus entsteht auf Dauer ein Lavastrom ähnliches Gebilde (vgl. Abbildung 20) (Nötzli, Gruber 2005:114). Gegliedert werden Blockgletscher in den äußeren Mantel mit eine Dicke von ca. zwei Metern, der aus kantigen Blöcken und aus einem geringen Anteil Erde besteht und einem eisgesättigten Kern. Die Eismasse in Blockgletscher macht dabei ca. die Hälfte ihres Volumens aus (Davis 2001:160; Institut für Geographie der Universität Stuttgart 2001)

**Abbildung 20: Blockgletscher im Val Murgal im Engardin (2000)**
Quelle: Alean J., Hambrey M. 2017[12].

Die Blockgletscherbewegung beruht auf zwei Komponenten, zum einen auf der Deformation des Eis-Schutt-Gemenges, zum anderen auf dem Gleiten an der Basis des Permafrosts (Baumhauer 2006:91). Es wird zwischen drei Typen von Blockgletschern unterschieden (Krainer 2010:45): Aktive Blockgletscher, die sich langsam, mit einer Geschwindigkeit von einigen Zentimetern bis zu mehreren Metern pro Jahr, hangabwärts bewegen, enthalten Eis. Sie besitzen meist eine steile Front mit losem Gestein und sind kaum mit Vegetation bedeckt. Inaktive Blockgletscher bewegen sich nicht mehr, enthalten aber dennoch Eis. Ihre Front ist nicht mehr so steil wie die der aktiven Blockgletscher und sie weisen vereinzelt auch Vegetation auf. Als dritter Typ werden fossile Blockgletscher definiert, welche kein Eis mehr enthalten und auf Grund von Massenverlagerungsprozessen am Rand abgeflacht und allgemein, durch das geschmolzene Eis, in sich zusammengefallen sind. Diese Blockgletscher sind auf ihrem Weg ins Tal in ein Gebiet ohne Permafrost gelangt. Dort ist ihr Eis auf Dauer geschmolzen. Diese sind oft mit dichter Vegetation und auch kleinen Büschen und Bäumen bedeckt (Frauenfelder, Roer 2007:35; Krainer 2010:45; Winkler 2001[1]).

Blockgletscher verfügen häufig über eine Länge von mehreren 100 Metern und messen eine Breite von ca. 100-200 Metern. Vereinzelt sind Blockgletscher in den Ötztaler und Stubaier Alpen bis 1,6 km lang (Krainer 2010:45).

Neben der Gletscherzunge des Grubengletschers, der zwischen Saastal und Simplon in der Schweiz liegt, kriecht ein Blockgletscher. In Abbildung 21 wird ersichtlich, dass der Grubengletscher und der Gruben-Blockgletscher direkt nebeneinander liegen. Sie sind lediglich durch die Seitenmoräne des Grubengletschers voneinander getrennt. Ebenso ist

die Grobkörnigkeit des Schutts auf dem Blockgletscher im Vergleich zur feinkörnigeren
Seitenmoräne gut zu erkennen. Die Hänge um diesen Blockgletscher sind stark zerklüftet
und liefern das Material, das der Blockgletscher talwärts transportiert. Deshalb werden
Blockgletscher auch als Schutt-Transportsysteme bezeichnet (Institut für Geographie der
Universität Stuttgart 2001)

**Abbildung 21: Gruben-Blockgletscher (2001)**

rot gestrichelt: Rand der Seitenmoräne des Grubengletschers, blaue Linie: aktueller Stand des
Grubengletschers, in der linken Bildhälfte: Blockgletscher

Quelle: Institut für Geographie der Universität Stuttgart 2001

# 6 Wandel der alpinen Gletscher

Die Alpen waren vor ca. drei Millionen Jahren noch nicht vergletschert. Erst danach
entstanden die ersten Gletscher, die dann im Laufe der Jahrtausende die Alpen ungefähr
alle 100.000 Jahre mit dicken Eisströmen bedeckt haben. Am meisten ist über die letzte
Vergletscherung während der Würmeiszeit bekannt, vor allem über die maximalen
Gletscherausdehnungen. Ebenso umfangreich sind die Forschungsergebnisse über das
Verhalten der Gletscher in den letzten 10.000 Jahren. Im IPCC (Intergovernmental Panel
on Climate Change) von 2007 wurden viele tausende Einzeluntersuchungen an vielen
Gletschern der Erde zusammengetragen und ausgewertet. Eine sehr klare Aussage ist
dabei, dass die Gletscher in den Alpen bis vor drei oder vier Jahrtausenden kleiner waren
als heute. Danach haben sie sich durch eine allgemeine Abkühlung, die allerdings schon
vor fünf bis sechs Jahrtausenden eingesetzt hat, vergrößert. Ganz abgeschmolzen waren
die Gletscher aber in diesen wärmeren Jahrtausenden ziemlich sicher nicht. Vereinzelt
kann es allerdings trotzdem zu einem kompletten Abschmelzen von kleinen Gletschern

gekommen sein. Durch historische Quellen ist sehr gut belegt, dass sich der letzte massive Gletschervorstoß in der ‚Kleinen Eiszeit‘, die im 14. Jahrhundert begann und ihren Höhepunkt im 17.-19. Jahrhundert erreichte, ereignete. Viele Zungen heutiger Alpengletscher werden immer noch von Moränen, die im 16./17. Jahrhundert entstanden sind, umrahmt (Böhm et al. 2007:61ff).

Allgemein bekannt ist, dass Gletscher heutzutage auf der ganzen Erde abschmelzen. Auch alpinen Gletscher stellen keine Ausnahme dar. Dies gilt als ein sehr eindeutiges Zeichen für die fortschreitenden Klimaveränderungen (Landtwing Blaser, Bauder 2016:20).

Die Massenbilanz der Gletscher wird von klimatischen Bedingungen, vor allem durch Niederschlag und Temperatur, gesteuert. Dabei werden gleichzeitig auch die Geometrie der Gletscher, ihre Temperatur und ihre Dynamik beeinflusst (Haeberli, Maisch 2008:15f). Die mittlere globale Lufttemperatur hat sich im letzten Jahrhundert um ca. 0,6°C erwärmt, bis 2100 könnte es zu einer weiteren Temperaturerwärmung von bis zu 5°C kommen (Nötzli, Gruber 2005:118).

Näheres dazu ist in der Hausarbeit *Klimawandel im Hochgebirge am Beispiel der Alpen* und dabei vor allem im Kapitel 5 *Aktuelle Gletscherstandschwankungen* zu finden.

Seit der ‚Kleinen Eiszeit‘ Mitte des 19. Jahrhunderts, während der sich die Gletscher das letzte Mal ausgedehnt haben, hat sich die vergletscherte Fläche in den Alpen bereits halbiert. Es wird angenommen, dass bis 2050 die kleineren Gletscher zu großen Teilen abgeschmolzen sein und die mittleren bis großen um bis zu 70% ihres Volumens verloren haben (Danner, Schüttler 2017:31; Haeberli, Maisch 2008:15f). Nach den IPCC Szenarien, die durchaus realistisch erscheinen, wird es bis 2050 nur noch eine Vergletscherung von 37-56% im Vergleich des Wertes der Vergletscherung Anfang des 20. Jahrhunderts geben. Dabei wird die Vergletscherung in der Schweiz am stabilsten bleiben und in Deutschland am instabilsten (Böhm et al. 2007:74). Allein im heißen Jahr 2003 verloren die Gletscher schätzungsweise 8% ihres Volumens von 2000 (Heberli, Maisch 2008:16). Ein Gletscherschwund bis zu 95% könnte sich bis ca. 2100 eingestellt haben (BMU 2008:47). Allgemein schmelzen Gletscher in den Alpen im Vergleich zu anderen Gletschern schneller ab, da sie temperierte Gletscher sind und ihre Temperatur somit schon um den Schmelzpunkt liegt. Im Gegensatz zu kalten Gletschern muss nicht die Temperaturdifferenz zur Schmelztemperatur überwunden werden, bevor der Schmelzvorgang einsetzen kann (Haeberli, Maisch 2007:101).

Aussagen über die zukünftige Vergletscherung der Alpen erweisen sich allerdings dennoch als sehr komplex. Einerseits gibt es noch keine 100 prozentig zuverlässigen Klimaszenarien, andererseits kommen noch weitere Faktoren, wie die sich verändernde Geometrie der Gletscheroberfläche beim Abschmelzen und der daraus resultierenden Strahlungs- und Beschattungsverhältnisse, dazu. Voraussetzung für eine Prognose ist, dass die aktuelle Eisdicke des Gletschers bekannt ist, da ohne dieses Wissen keine Vorhersage über die Lebensdauer des Gletschers getroffen werden kann (Hagg 2008:27f).

Der Gletscherschwund, der durch die oben beschriebenen klimatischen Veränderungen bedingt ist, spiegelt sich vor allem in den großen Gletschern wie dem Aletschgletscher oder dem Vernagtferner (vgl. Abbildung 22) wider. Bei zuletzt genanntem ist die Zungenform nicht mehr erkenntlich und der Gletscher hat sich in kleine Teile aufgeteilt. Große Gletscher reagieren auf Grund ihrer großen Massen sehr träge und verzögert auf Klimaänderungen und haben gleichzeitig auch einen Puffer, um diese auszugleichen. Deshalb spiegelt ihr über ein Jahrhundert anhaltender Schwund den andauernden Trend der Erwärmung seit der ‚Kleinen Eiszeit‘ wieder (Alean 2010:57ff)

**Abbildung 22: Schwund des Vernagtferners: oben 1898, Mitte 1992 und unten 2005**

Quelle: Alean 2010:58.

Mittelgroße Gletscher, wie der Steingletscher am Sustenpass (vgl. Abbildung 23), reagieren mit Verzögerungen von ca. zehn Jahren auf Klimaveränderungen. Dies erklärt das Wachsen derselben in den 70/80er Jahren des letzten Jahrhunderts als Reaktion auf den mäßigen Temperaturrückgang in den 50/60er Jahren. Anschließend an diese Vorstöße schmolzen auch diese Gletscher wieder (Alean 2010:57ff).

**Abbildung 23: Wachsen (von 1982 bis 1989) und Schwinden (bis 2006) des Steingletschers**

Quelle: Alean 2010:57.

Bei ganz kleinen Gletschern wiederum wechseln sich Schwinden und Vorstoßen innerhalb von wenigen Jahren ab. Dies liegt daran, dass sich Schnee und Eis direkt an der Gletscherzunge sammeln und ebenso gut im Sommer wieder abschmelzen können (Alean 2010:57).

Der oben beschriebene, bisherige Rückzug der Gletscher ist eindeutig sichtbar. Aber auch der Permafrost und gleichzeitig damit auch die Blockgletscher verändern sich auf Grund des anthropogen verstärkten Klimawandels. Dies spielt sich aber weitestgehend im Untergrund ab und ist somit für uns nicht sichtbar. Die Permafrostbeobachtung PACE 21 stellte für das 20. Jahrhundert eine Erwärmung des Permafrosts um ca. 0,6°C fest. Dies hat vor allem Auswirkungen auf Gebiete des Permafrosts, die in niedrigeren Lagen vorzufinden sind. Da Permafrost steile Hänge stabilisiert und dies durch die Permafrostdegradation auf Dauer abnimmt, steigt die Gefahr für Felsstürze und der gleichen enorm (Nötzli, Gruber 2005:118f).

Im Vergleich dazu werden Blockgletscher und andere eisreiche gefrorene Gebilde des Permafrosts auch in wärmerem Klima noch länger weiterbestehen (Haeberlin, Maisch 2008:18). Trotzdem ist auch an ihnen die Temperaturerhöhung festzustellen. Dies äußert sich durch eine Geschwindigkeitszunahme um 20% im Jahr 2014/15 im Vergleich zum Vorjahr (2016:42f)

Dadurch, dass Gletscher abschmelzen, werden große Flächen an Geröllmaterial freigelegt. Dort dauert es mindestens ein Jahrhundert bis sich tiefgründiger, fruchtbarer Boden bilden kann und somit siedelt sich Vegetation dort nur sehr schwer an. Dadurch verschieben sich die bisherigen Höhenstufen nicht nur nach oben, sondern die Schuttstufe wächst zu Lasten der Gletscherstufe. Zusätzlich ändern sich auch die typischen Merkmale dieser Stufen, wie beispielsweise Pflanzenarten oder Abtragungsprozesse, da sich diese den neuen Bedingungen auf andere Art anpassen. Dadurch kommen die einzelnen Ökosysteme ins Ungleichgewicht (Haeberli, Maisch 2007:104).

Erhebliche Folgen des Gletscherschmelzens und somit auch des Klimawandels sind daraus entstehende Naturgefahren. Diese sind heute schon feststellbar und werden sich auf Dauer sehr wahrscheinlich in Ausmaß und Anzahl verstärken. Durch das Auftauen des Eises unter- und oberhalb der Oberfläche nimmt die Stabilität vor allem an steilen Hängen ab. Das dabei anfallende lockere Gestein wird nur zu einem sehr kleinen Teil als Fracht in Bächen oder Flüssen transportiert. Der größte Anteil wird kurzfristig und drastisch durch Hochwasserereignisse verlagert. Dies äußert sich durch die Bildung von Murenabgängen und Hangrutschungen. Zusätzlich wird dies durch den erhöhten Niederschlag, der bei einem Temperaturanstieg prognostiziert wird, verstärkt. Die Murenabgänge und Hangrutschungen haben bisher schon vielerorts große Zerstörung angerichtet. (BMU 2008:56; Haeberli, Maisch 2007:104). Im Rahmen dieser Arbeit kann an dieser Stelle nur ein Beispiel genannt werden. Mehr zu Naturgefahren wird in der folgenden Arbeit *Naturgefahren in den Alpen* behandelt.

Im Sommer 2005 ereignete sich, ausgelöst durch einen Starkregen, der wohl größte Murenabgang in den Schweizer Alpen seit 50 Jahren. In den Berner Alpen, am Guttannen löste sich ein großer Teil einer Moräne mit Gletscher- und Permafrostresten (vgl. Abbildung 24). Dieser Murenabgang richtete große Zerstörung an (Haeberli, Maisch 2007:104).

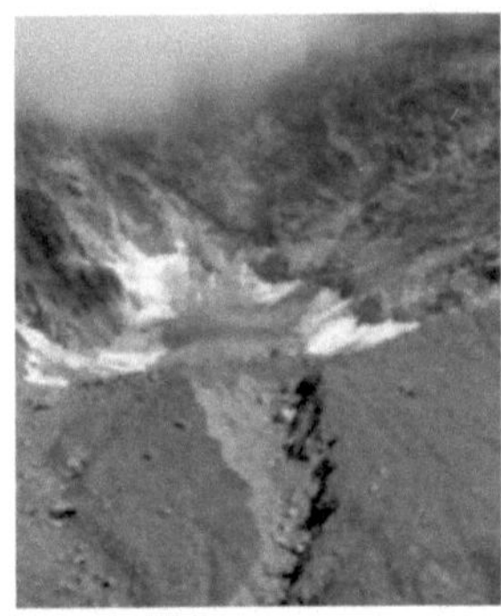

**Abbildung 24: Anrissbereich der Mure (Grimselpass, Berner Alpen) im Sommer 2005 (links); Ablagerung der Mure oberhalb vom Dorf im Sommer 2005 (rechts)**

Die Aare, die zusätzlich noch Hochwasser führt, wird durch die Mure umleitet und fließt direkt durch das Dorf (rechts).

Quelle: Haeberli, Maisch 2007:104.

Auch die Gefahr für Gletscherseebrüche steigt durch das Abschmelzen der Gletscher. Diese Seen haben sich nach dem Gletscherschmelzen im freien Moränenschutt gebildet. In der Schweiz beispielsweise entstehen diese Seen auch heute schon am Altesch-, Gorner- und Rhonegletscher. Hierbei können auch Murenabgänge mit einem Volumen von mehreren 100.000 km entstehen. Auch Fels- und Bergstütze in derartige See hinein können Schwallwellen auslösen, die bis ins Tal hinein erhebliche Auswirkungen haben (Haeberli, Maisch 2007:104f).

Da Gletscher auf den Wasserkreislauf eine sehr große Wirkung haben, hat dies auch der Gletscherschwund. Gletscher speichern im niederschlagsreichen Winter Wasser und geben im niederschlagsärmeren Sommer Schmelzwasser ab. Diese Speicherwirkung wird durch die steigenden Temperaturen immer geringer und kann auf Dauer ganz verloren gehen. Je wärmer es wird, desto höher liegt die Schneegrenze und desto früher setzt die Schneeschmelze im Frühjahr ein. Dies führt zu einem sofortigen Abfluss des Regens und erhöht somit die Spitzenabflüsse. Dies wiederum kann zu Hochwasser und Überschwemmungen führen. Ein größeres Problem stellt sich allerdings in wärmeren Jahreszeiten. Die auf Dauer versiegende Gletscherschmelze wird dafür sorgen, dass die Alpenflüsse in den immer heißer werdenden Sommern kein Wasser mehr führen. Nimmt man beispielsweise die Verhältnisse aus dem Hitzejahr 2003, wendet diese Parameter im Jahr 2075 an, und betrachtet dann die Konsequenz daraus; zeigt sich, dass große Flüsse wie Rhein und Rhône im Sommer fast trocken liegen. Als Konsequenz wird der Seen- und Grundwasserspiegel in den Tälern etc. grundsätzlich sinken und die Böden austrocknen.

Diese Wasserknappheit steht in Konflikt mit dem prognostizierten steigenden Wasserbedarf für die Landwirtschaft. Darüber hinaus kann dies zu einer Trinkwasserknappheit führen. Das bedeutet, dass das Gletscherschmelzen ein sehr großer Einschnitt in das Alltagsleben der Menschen und auch in die Wirtschaft in und um die Alpen sein könnte. Auch die Tourismusbranche, insbesondere der Wintersportsektor wird durch das Gletscherschmelzen große Verluste aufweisen müssen (Haeberli, Maisch 2007:105f; Haeberlin, Maisch 2008:20).

Auch wenn das Ausmaß und die Art der Veränderungen, mit denen die Menschen und die Umwelt in den Alpen in der Zukunft konfrontiert wird, nicht sicher zu prognostizieren ist, muss doch mit Sicherheit von tiefgreifenden und dauerhaften Einschnitten gerechnet werden. Diese sind nicht mit den historischen Erfahrungen vergleichbar.


## 7   Ausblick

Abschließend lässt sich sagen, dass alpine Gletscher eine sehr große Wirkung auf die Alpen und ihr Umland hatten und auch weiterhin haben werden. Durch den Gletscherschwund entstehen Naturgefahren und die Landschaft der Alpen verändert sich gravierend. Als Folge daraus entstehen für die Alpen nutzungstechnische Probleme: Menschen und Siedlungen sind durch Naturgefahren gefährdet, auch Landwirtschaft und Tourismus werden großen Schaden nehmen. Darüber hinaus wird der Gletscherschwund im weiteren Umfeld der Alpen beeinflussen, einerseits durch Hochwasser, infolge von erhöhter Gletscherschmelze sowie der ausbleibenden Abflussverzögerung, die aufgrund der Verschiebung der Schneegrenze in höhere Lagen zutage tritt; andererseits durch Trockenperioden in heißen Sommern, da die Gletscher als Speicher von Wasser wegfallen. Die Dringlichkeit, im Gebiet der alpinen Glaziologie weiterzuforschen und Strategien zu entwickeln, um diesen Herausforderungen zu begegnen, ist schon jetzt sehr groß. Zusätzlich wird sie in Zukunft weitersteigen und viele Forscher beschäftigen.

# Literaturverzeichnis

Ahnert F. (2009): Einführung in die Geomorphologie. 4. Auflage, Stuttgart: Eugen Ulmer KG.

Alean J. (2010): Gletscher der Alpen. Bern: Haupt.

Alean J., Hambrey M. (2017)[1]: Glaciers online. http://www.swisseduc.ch/glaciers/alps/mer_de_glace/index-en.html?id=3 (26.10.2017)

Alean J., Hambrey M. (2017)[2]: Glaciers online. http://www.swisseduc.ch/glaciers/alps/gornergletscher/schmelzwasserseen-de.html?id=4 (26.10.2017)

Alean J., Hambrey M. (2017)[3]: Glaciers online. http://www.swisseduc.ch/glaciers/alps/fieschergletscher/index-de.html?id=2 (26.10.2017)

Alean J., Hambrey M. (2017)[4]: Glaciers online. http://www.swisseduc.ch/glaciers/alps/pasterze/pasterze-en.html?id=0 (26.10.2017)

Alean J., Hambrey M. (2017)[5]: Glaciers online. http://www.swisseduc.ch/glaciers/glossary/bergschrund-de.html (26.10.2017)

Alean J., Hambrey M. (2017)[6]: Glaciers online. http://www.swisseduc.ch/glaciers/glossary/serac-de.html (26.10.2017)

Alean J., Hambrey M. (2017)[7]: Glaciers online. http://www.swisseduc.ch/glaciers/alps/argentiere/index-en.html?id=0 (26.10.2017)

Alean J., Hambrey M. (2017)[8]: Glaciers online. http://www.swisseduc.ch/glaciers/alps/argentiere/index-en.html?id=9 (26.10.2017)

Alean J., Hambrey M. (2017)[9]: Glaciers online. http://www.swisseduc.ch/glaciers/alps/rhonegletscher/gletscherschliffe_2007-de.html?id=0 (26.10.2017)

Alean J., Hambrey M. (2017)[10]: Glaciers online. http://www.swisseduc.ch/glaciers/alps/grosser_aletschgletscher/aletschgletscher-de.html?id=3 (26.10.2017)

Alean J., Hambrey M. (2017)[11]: Glaciers online.
http://www.swisseduc.ch/glaciers/glossary/drumlins-de.html (26.10.2017)

Alean J., Hambrey M. (2017)[12]: Glaciers online.
http://www.swisseduc.ch/glaciers/glossary/rock-glacier-de.html (26.10.2017)

Baumhauer R. (2006): Geomorphologie. Darmstadt: WBG (Wissenschaftliche Buchgesellschaft).

BMU (Hg.) (2008): Klimawandel in den Alpen. Fakten - Folgen - Anpassung. 3. Auflage, Berlin: BMU.

Böhm R., Schöner W., Auer I., Hynek B., Kroisleitner C., Weyss G. (2007): Gletscher im Klimawandel. Vom Eis der Polargebiete zum Goldbergkees in den Hohen Tauern. Wien: Zentralanstalt für Meteorologie und Geodynamik.

Danner M., Schüttler T. (2017): Rückgang der alpinen Vergletscherung. Das Beispiel der Ötztaler Alpen. In: Praxis Geographie 2017(3), 30-36.

Darga R. (2009): Auf den Spuren des Inn-Chiemsee-Gletschers. Übersicht. In: Wanderungen in die Erdgeschichte (26). München: Verlag Dr. Friedrich Pfeil.

Davis N. (2001): Permafrost. A Guide to Frozen Ground in Transition. Fairbanks, Alas.: University of Alaska Press.

Embleton-Hamann C. (2007): Geomorphologie in Stichpunkten. III. Exogene Morphodynamik. Karstmorphologie - Glazialer Formenschatz - Küstenformen. 6. neu bearb. Aufl., Stuttgart: Gebrüder Borntraeger.

Frauenfelder R., Roer I. (2007): Permaforstindikatoren der besonderen Art. Was Blockgletscher bewegt. In: Die Alpen. 2007/9 S. 34-37.

Haeberli W., Maisch M. (2008): Alpen ohne Eis? In: Geographische Rundschau. 60/3, S.14-21.

Haeberli W., Maisch M. (2007): Klimawandel im Hochgebirge. In: Endlicher W., Gerstengarbe F.-W. (Hg.): Der Klimawandel. Einblicke, Rückblicke und Ausblicke. Berlin und Potsdam. S. 98- 107.

Hagg W. (2008): Die Bedeutung kleiner Gletscher in den bayerischen Alpen. In: Geographische Rundschau. 60/3, S. 22-29.

Huss M., Bauder A., Marty C., Nötzli J. (2016): Schnee, Gletscher und Permafrost 2014/15. Kryosphärenbericht für die Schweizer Alpen. In: Die Alpen. 2016/7, S. 36-43.

Institut für Geographie der Universität Stuttgart (Hg.) (2001): Exkursion Zentralschweiz und Wallis. Blockgletscher. http://www.geographie.uni-stuttgart.de/exkursionsseiten/wallis_2001/html/blockgletscher/blockgletscher.html (19.10.2017)

Krainer K. (2010): Geologie und Geomorphologie von Obergurgl und Umgebung. In: Koch, E.-M. (Hg.): Glaziale und periglaziale Lebensräume im Raum Obergurgl Innsbruck: Innsbruck Univ. Press, 31-52.

Landtwing Blaser M., Bauder A. (2016): Gletscher in den Alpen. Schwindende Wasserreservoire am Beispiel Aletschgletscher/Schweiz. In: Praxis Geographie 2016(1), 20-25.

Leser H. (2003): Geomorphologie. 8., völlig neu bearb. Aufl., Braunschweig: Westermann Schulbuchverlag GmbH.

Nötzli J., Gruber S. (2005): Alpiner Permafrost - ein Überblick. In: Jahrbuch des Vereins zum Schutz der Bergwelt (München), 70, 111-121.

Ribau K. (2008): Die Geomorphologie der Alpen. München: Nusser Verlag.

Veit H. (2002): Die Alpen - Geoökologie und Landschaftsentwicklung. Stuttgart: Verlag Eugen Ulmer % Co.

Winkler S. (2001)[1]: Lexikon der Geographie. Blockgletscher. http://www.spektrum.de/lexikon/geographie/blockgletscher/1084 (14.10.2017).

Winkler S. (2001)[2]: Lexikon der Geographie. Periglazial. http://www.spektrum.de/lexikon/geographie/periglazial/5906 (19.10.2017).

Winkler S. (2009): Gletscher und ihre Landschaften. Darmstadt: WBG.

Zepp H. (2014): Geomorphologie. 6. akt. Aufl., Paderborn: Ferdinand Schöningh.

# BEI GRIN MACHT SICH IHR WISSEN BEZAHLT

- Wir veröffentlichen Ihre Hausarbeit,
  Bachelor- und Masterarbeit

- Ihr eigenes eBook und Buch -
  weltweit in allen wichtigen Shops

- Verdienen Sie an jedem Verkauf

Jetzt bei www.GRIN.com hochladen
und kostenlos publizieren